# 目　次

# 前　言

本标准按照 GB/T 1.1—2020《标准化工作导则　第1部分：标准化文件的结构和起草规则》的规定起草。

本标准由中国地质灾害防治与生态修复协会提出并归口。

本标准起草单位：中国地质环境监测院（自然资源部地质灾害技术指导中心）、甘肃省地质环境监测院（甘肃省自然资源厅地质灾害防治技术指导中心）、应急管理部国家减灾中心、黑龙江省地质科学研究所。

本标准主要起草人：祁小博、陈红旗、郭富赟、方志伟、徐维迎、孙舟、孟晖、王国文。

本标准为首次发布。

本标准由中国地质灾害防治与生态修复协会负责解释。

# 引　言

为进一步规范突发地质灾害信息管理，提高地质灾害信息发布的科学性、准确性、唯一性和统一性，正确引导社会舆情与公众沟通，促进防灾减灾救灾信息共享，依据《中华人民共和国突发事件应对法》、《地质灾害防治条例》(国务院令第394号)、《国家突发地质灾害应急预案》(国办函〔2005〕37号)及相关标准规范，制定本标准。

# 突发地质灾害名称确定规则(试行)

## 1 范围

本标准规定了突发地质灾害的命名规则和方法。

本标准适用于发生在我国除香港特别行政区、澳门特别行政区和台湾地区以外区域的突发地质灾害。

## 2 规范性引用文件

下列文件中的内容通过规范性引用而构成本标准必不可少的条款。其中,注日期的引用文件,仅该日期对应的版本适用于本标准;不注日期的引用文件,其最新版本(包括所有的修改单)适用于本标准。

DB/T 58 地震名称确定规则

## 3 术语和定义

下列术语和定义适用于本标准。

3.1

**突发地质灾害 sudden geological disaster**

突然发生并在较短时间内完成灾害活动过程的地质灾害。

3.2

**群发地质灾害 mass geological disasters**

在一定区域、一定时间段内,由同一主要因素引发的多处(起)或多种地质灾害。

3.3

**次生地质灾害 secondary geological disaster**

由外动力作用或环境异常变化形成的自然灾害引发的"连带性"或"延续性"地质灾害。

3.4

**链式地质灾害 chained geological disaster**

地质灾害又引起另一地质灾害继续发生并逐级延续的地质灾害。

3.5

**引发因素　trigger factor**

触发或诱发地质灾害的自然或人为活动因素。

## 4　名称确定规则

### 4.1　名称要素

4.1.1　突发地质灾害名称要素包括灾害发生时间、发生地点、灾情等级和灾害类型，并依据下列规则确定。

a)　发生时间采用北京时间，以公历日期标准格式“年月日”表示。

b)　发生地点由属地名称＋发生部位地名确定。

属地名称采用国务院民政部门公布的“省级＋县级”行政区名称表述。在不引起歧义的情况下，省略“省（自治区、直辖市）、县（市）”等行政称谓以及少数民族自治称谓；当地质灾害跨不同行政区域，属地名称依据上一级行政区名称确定。

发生部位地名依据地质灾害所处空间地理位置确定，采用表述人文地理、有辨识度的现今标准地名表述，不宜采用具有地名意义的单位或纪念地名称表述。

c)　灾情等级包括“特大型”“大型”“中型”和“小型”4 个等级，分级标准依据《地质灾害防治条例》（国务院令第 394 号）有关规定。

d)　灾害类型包括崩塌灾害、滑坡灾害、泥石流灾害、地面塌陷灾害以及群发地质灾害、次生地质灾害。

具有复合特征的灾害类型应以造成直接危害的地质灾害类型确定，链式地质灾害应以直接造成主要危害的地质灾害类型确定。

4.1.2　名称要素应依据县级以上地质灾害行政主管部门正式发布的地质灾害基本信息确定。

4.1.3　名称要素应遵守国家保密规定。

### 4.2　名称表述方法

4.2.1　名称全称的表述内容及顺序为：发生时间＋属地名称＋发生部位地名＋灾情等级＋灾害类型。

**示例：**

2017 年 6 月 24 日四川茂县新磨村特大型滑坡灾害

2019 年 3 月 15 日山西乡宁枣岭乡大型滑坡灾害

4.2.2　名称简称的表述内容和顺序为：属地名称＋“月・日”＋灾情等级＋灾害类型。

**示例：**

四川茂县“6・24”特大型滑坡灾害

山西乡宁“3・15”大型滑坡灾害

4.2.3　当同一属地同一天发生两起或两起以上相同灾情等级、相同类型的地质灾害时，为避免重名、确保名称的唯一性，灾害名称简称不宜省略发生部位地名，简称表述内容和顺序为：属地名称＋“月・日”＋发生部位地名＋灾情等级＋灾害类型。

**示例：**

全称：2020 年 7 月 7 日贵州习水狮子村中型滑坡灾害

2020 年 7 月 7 日贵州习水白鹿村中型滑坡灾害

简称：贵州习水“7·7”狮子村中型滑坡灾害

贵州习水“7·7”白鹿村中型滑坡灾害

4.2.4 官方新闻发布会和新闻媒体报道中，在正文中首次出现的灾害名称宜用全称表述，之后宜以简称为主；同一文件首次提及，应以全称表述，之后可用简称代替；专业编目宜以全称表述；标题宜以简称表述。

### 4.3 名称修订

4.3.1 当地质灾害主管部门对突发地质灾害基本情况进行了修订，并影响名称要素时，名称宜做相应修订。

4.3.2 当灾情等级尚未确定，但需要报送或发布灾害信息时，灾害名称中省略“灾情等级”要素，待灾情等级确定后修订灾害名称。

## 5 发生地点确定规则

### 5.1 属地名称

5.1.1 灾害发生地点位于县级行政区内的，属地名称一般由省级行政区名称和县级行政区名称组成。

**示例：**

甘肃舟曲、四川阿坝、西藏墨竹工卡等

当县级行政区名称省略“县”“市”或“旗”行政称谓易引起歧义时，不应省略。

**示例：**

广西横县、甘肃文县

当县级行政区名称和地级市或副省级市名称相同时，县级行政称谓不可省略。

**示例：**

灾害发生在湖南省邵阳市邵阳县塘渡口镇，属地名称为：湖南邵阳县

灾害发生在新疆维吾尔自治区乌鲁木齐市乌鲁木齐县，属地名称为：新疆乌鲁木齐县

5.1.2 灾害发生地点位于地级市或副省级市市辖区，属地名称一般由省级行政区名称和地级市名称组成。

**示例：**

四川成都、贵州贵阳、广西桂林等

当地级市或副省级市名称省略“市”行政称谓易引起歧义时，不应省略。

**示例：**

灾害发生在吉林省吉林市丰满区，属地名称为：吉林吉林市

当地级市或副省级市名称和县级行政区划名称同名时，市级行政称谓不可省略。

**示例：**

灾害发生在湖南省邵阳市双清区，属地名称为：湖南邵阳市

灾害发生在新疆维吾尔自治区乌鲁木齐市天山区，属地名称为：新疆乌鲁木齐市

5.1.3 灾害发生地点位于直辖市辖区，地名应由直辖市名称和市辖区名称组成，并省略“市”“区、新区”等行政称谓。

示例：

重庆武隆、北京门头沟、天津武清、上海浦东

当省略“区”行政称谓易引起歧义时，不应省略。

示例：

天津河北区

## 5.2 发生部位地名

5.2.1 滑坡或崩塌灾害发生部位地名，应依据滑坡剪出口或崩塌岩体基座所处的空间地理位置确定。

示例：

全称：2013 年 7 月 10 日四川都江堰三溪村特大型滑坡灾害

2015 年 5 月 19 日山西临县兔板镇移民新村中型崩塌灾害

简称：四川都江堰“7·10”特大型滑坡灾害

山西临县“5·19”中型崩塌灾害

5.2.2 泥石流灾害发生部位地名，应依据泥石流沟沟口所处的空间地理位置确定。

示例：

全称：2010 年 8 月 12 日四川绵竹盐井村文家沟中型泥石流灾害

简称：四川绵竹“8·12”中型泥石流灾害

5.2.3 地面塌陷发生部位地名，应依据地面塌陷中心点所处的空间地理位置确定。

示例：

全称：2018 年 10 月 9 日湖北荆门掇刀区宝龙石膏矿中型地面塌陷灾害

简称：湖北荆门“10·9”中型地面塌陷灾害

5.2.4 发生部位地名可以受到直接危害的居民点命名，或以群众辨识度高、有地名意义的交通、水利、电力或通信等工业设施命名，或以山脉、河流、湖泊等自然地理实体名称和发生部位组合命名。

示例：

全称：2012 年 6 月 28 日四川宁南白鹤滩电站特大型泥石流灾害

2017 年 7 月 9 日云南福贡沙瓦河大型泥石流灾害

简称：四川宁南“6·28”特大型泥石流灾害

云南福贡“7·9”大型泥石流灾害

# 6 群发地质灾害和次生地质灾害名称

## 6.1 名称要素

6.1.1 群发地质灾害和次生地质灾害名称要素应包括发生时间、发生地点、主要引发因素和灾害类型。

6.1.2 当灾害发生时间持续超过 1 d，发生时间依据首起灾害发生时间确定。

6.1.3 当群发或次生地质灾害处于不同的行政区域，属地名称依据上一级行政区名称确定。当发生在两省或多省交界处时，属地名称应包含所有涉及省份，并按涉及省份受灾严重程度排序。

6.1.4 主要引发因素，如地震活动、暴雨、台风、火灾或人类工程活动等名称依据其主管部门发布的名称确定。地震活动名称参照《地震名称确定规则》(DB/T 58)确定；天气过程命名依据气象部门发布的名称确定；人为工程活动命名应依据工程活动主管部门发布的名称确定。

**6.1.5** 当群发地质灾害或多起次生地质灾害中有某起灾害造成人员死亡(失踪)时,该起灾害单独命名。

## 6.2 表述方法

**6.2.1** 群发地质灾害名称全称的表述内容及顺序为:发生时间+发生地点+主要引发因素+灾害类型,其中灾害类型统称为"群发地质灾害"。简称的表述内容及顺序一般为:属地名称+"月·日"+主要引发因素+灾害类型,其中灾害类型统称为"地质灾害"。

示例:

全称:2012年8月30日四川凉山锦屏水电站暴雨群发地质灾害
2014年8月31日三峡地区暴雨群发地质灾害
2017年8月3日辽宁岫岩暴雨群发地质灾害

简称:四川凉山"8·30"暴雨地质灾害
三峡地区"8·31"暴雨地质灾害
辽宁岫岩"8·3"暴雨地质灾害

**6.2.2** 次生地质灾害名称的全称表述内容及顺序为:主要引发因素全称+灾害类型。简称的表述内容及顺序一般为:主要引发因素简称+灾害类型。

a) 当次生地质灾害类型多样时,全称的灾害类型统称为"次生地质灾害",简称的灾害类型统称为"地质灾害"。

b) 当次生地质灾害类型单一时,灾害类型名称依据次生地质灾害类型确定。

示例:

全称:2017年8月8日四川九寨沟7.0级地震次生地质灾害

简称:四川九寨沟"8.8"7.0级地震地质灾害